0~24 个月：婴幼儿的毛衣编织

日本美创出版　编著　　何凝一　译

Crochet Baby Wears ＊ Girls' & Boys'

男孩

coordinate idea

本书中的作品均是配套搭配，
也可以随意自由组合，
用做礼物送亲朋好友也是不错的选择哦。

女孩

女孩和男孩

河北科学技术出版社

目 录

图片页/钩织方法与重点教程的页码

中长款背心
P44 / P46,43

18
12~24 个月

上衣裙
P45 / P46,43

19
12~24 个月

帽子
P50,51 / P52,49

20
12~24 个月

21
12~24 个月

23
12~24 个月

24
12~24 个月

小挎包
P51 / P52,49

22
12~24 个月

外套
P54,55 / P56,59

25
12~24 个月

26
12~24 个月

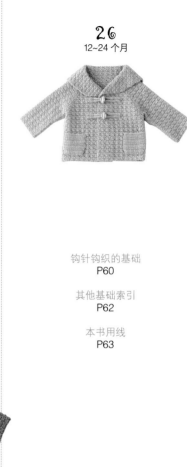

钩针钩织的基础
P60

其他基础索引
P62

本书用线
P63

钩针日制针号换算表

日制针号	钩针直径	日制针号	钩针直径
2 / 0	2.0mm	8 / 0	5.0mm
3 / 0	2.3mm	10 / 0	6.0mm
4 / 0	2.5mm	0	1.75mm
5 / 0	3.0mm	2	1.50mm
6 / 0	3.5mm	4	1.25mm
7 / 0	4.0mm	6	1.00mm
7.5 / 0	4.5mm	8	0.90mm

领肩下方加入褶皱，简单自然的轮廓。
清新的花样，让每一个重要的纪念日留下美好记忆。
可以与同款的兜帽和鞋子搭配。

1

庆典礼服
0~12个月

钩织方法和重点教程…P8,11

兜帽

0~12 个月

钩织方法和重点教程···P12,13

与作品 1 的庆典礼服颜色不同，
女孩款的袖子处穿入了绳带，并打成蝴蝶结，
兜帽上还加入了花朵花样，
更可爱漂亮。

3

庆典礼物
0~12 个月

钩织方法和重点教程…P8,11

兜帽
0~12 个月

钩织方法和重点教程···P12,13

1.3 庆典礼服

图片…P4,6　重点教程…P11

● **1 的材料**
· 可爱宝贝
　作品 2（本白色）…250g
· 直径 1.2cm 的纽扣 7 颗

● **3 的材料**
· 可爱宝贝
　作品 4（粉色）…255g
· 直径 1.2cm 的纽扣 7 颗

● **钩针**
5/0 号

● **标准织片**
边长 10cm 的正方形花样编织 A / 6 个花样
（24 针）·12 行，花样编织 B/ 3 个花样（10.5
针）·10.5 行

● **成品尺寸**
胸围 43cm，衣长 50cm，肩背宽 20.5cm，袖
长 20cm

● **编织方法…作品 1、作品 3 通用**
1 编织前后领肩、衣身、袖子
在转换线的位置织入起针，然后用花样 A 编
织领肩。接着从起针处反向挑针，然后用花样
B 编织衣身。袖子部分在袖山处进行起针，然
后沿袖口方向织入花样 B。
2 编织镶边和绳带（仅作品 3）
编织绳带时，暂时不用编织终点处的圆球，先
从袖子处穿过，接着再编织。

3 拼接
肩部用卷针订缝的方法处理，侧边与袖下则用
1 针短针和 3 针锁针缝合。
4 钩织花边
按照花边 A、花边 B 的顺序编织。
5 拼接袖子
用卷针接缝的方法拼接袖子。
6 完成
镶边缝到领肩与衣身的交接处。再缝 7 颗纽扣。

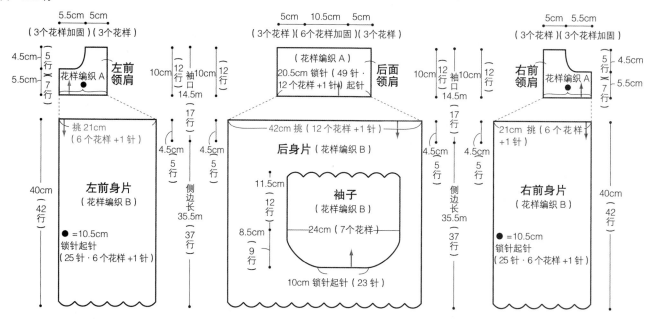

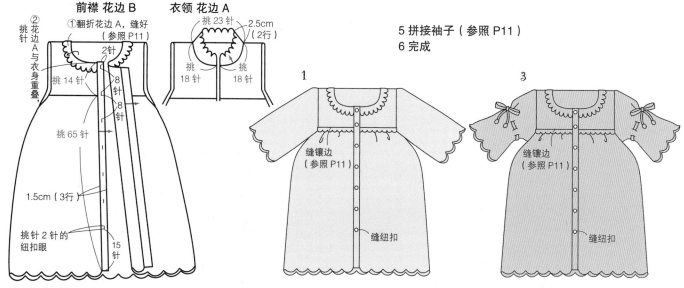

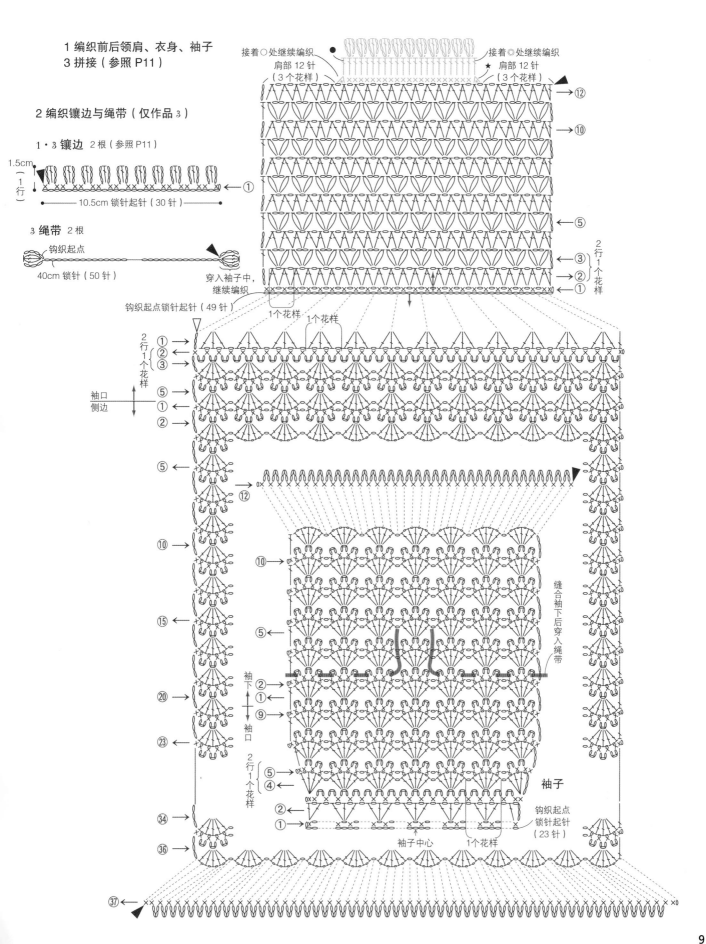

1 编织前后领肩、衣身、袖子
3 拼接（参照 P11）

2 编织镶边与绳带（仅作品₃）

1·3 镶边 2根（参照 P11）

1.5cm（1行）

10.5cm 锁针起针（30 针）

3 绳带 2根

钩织起点

40cm 锁针（50 针）

穿入袖子中，继续编织

钩织起点锁针起针（49 针）

接着○处继续编织
肩部 12 针
（3 个花样）

接着◎处继续编织
★ 肩部 12 针
（3 个花样）

2行1个花样

2行1个花样

1个花样 1个花样

2行1个花样

袖口侧边

袖下
袖口

2行1个花样

缝合袖下后穿入绳带

袖子

袖子中心 1个花样

钩织起点
锁针起针
（23 针）

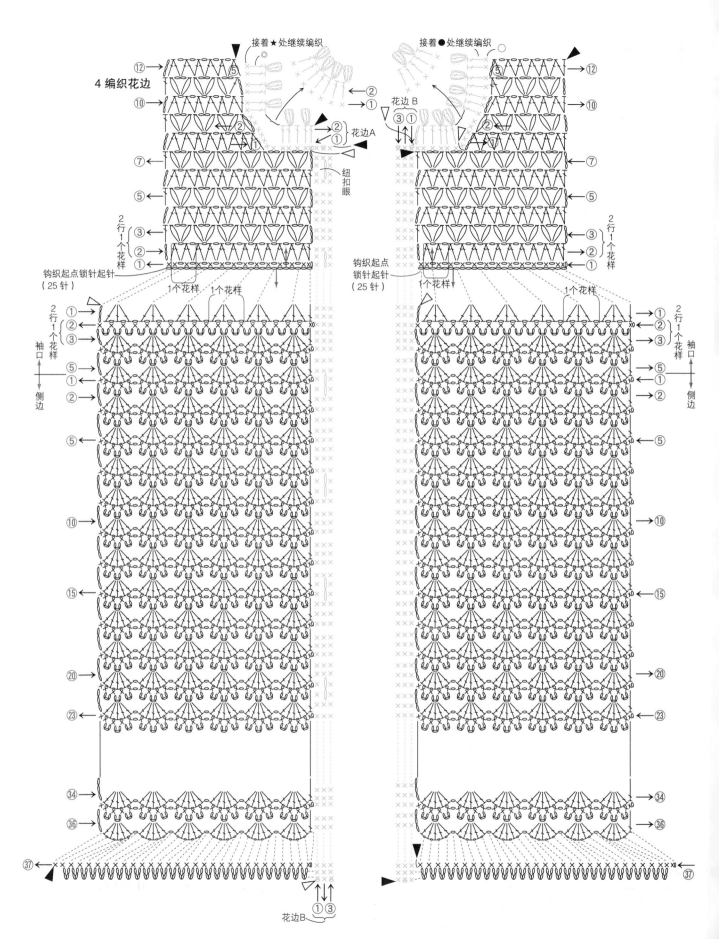

4 编织花边

接着★处继续编织

接着●处继续编织

花边 B

花边A

纽扣眼

钩织起点锁针起针
（25针）

2行1个花样

1个花样

1个花样

2行1个花样

袖口

侧边

钩织起点
锁针起针
（25针）

2行1个花样

袖口

侧边

花边B

庆典礼服

图片…P4,6　编织方法…作品P8

肩部的订缝方法·卷针订缝

1 看着织片的正面，前、后身片的肩部相接，将最终行针脚的外侧半针处挑起，然后进行卷针订缝。

2 缝纫针插入最初的针脚中，来回穿2次。然后从下面针脚开始，将缝纫针插入每个针脚中。

3 缝纫针在最后的2个针脚中来回穿2次，线头藏到反面的针脚中，处理好。

袖子的拼接方法·卷针接缝

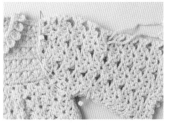

1 袖山的中心与肩线、袖下与侧边线对齐，插入绷针。

2 缝纫针插入袖下，接缝缝合。顶端针脚处，将编织锁针时形成的锁链状针脚（上侧2根线）挑起。

3 顶端的针脚处，将短针、长针的针脚翻开挑起。

4 重复步骤2、步骤3，用卷针接缝的方法拼接袖子。

5 接缝终点处线头打结，在反面处理好线头。

镶边的编织方法和拼接方法

1 钩织30针锁针起针，再钩织1针立起的锁针、1针短针、3针锁针。然后按照箭头所示，将钩针插入"短针的头针半针和尾针1根线"中，织入1针长针。

2 继续钩织3针锁针后如图所示。然后将钩针插入步骤1"短针的头针半针和尾针1根线"的同一针脚中，拉紧后再在下一针处织入1针短针。重复步骤1、2，钩织镶边。

3 镶边用绷针固定到领肩与衣身的交接处。然后将镶边的起针挑起，缝好。

衣领花边的拼接方法

折叠花边A第2行长针的尾针，然后将短针与长针的头针挑起，缝合。

2.4 兜帽

图片…P5,7　重点教程…P13

● **2 的材料**
· 可爱宝贝
本白色…40g

● **4 的材料**
· 可爱宝贝
粉色…40g

● **钩针**
5/0 号

● **成品尺寸**
参照图片

● **编织方法…作品 2、4 通用**

1 编织主体
织入 16 针锁针起针，然后用花样 A 编织头部后面。接着从头部后面开始用花样 B 编织侧面。

2 钩织花边
颈部周围编织 2 行花边。

3 完成
2 编织绳带，4 编织绳带和花朵花样。绳带的钩织起点处钩织圆球装饰，接着钩织 170 针锁针。将其穿入花边的第 1 行，然后钩织编织终点处的圆球。钩织 2 块花朵花样，缝到指定位置。

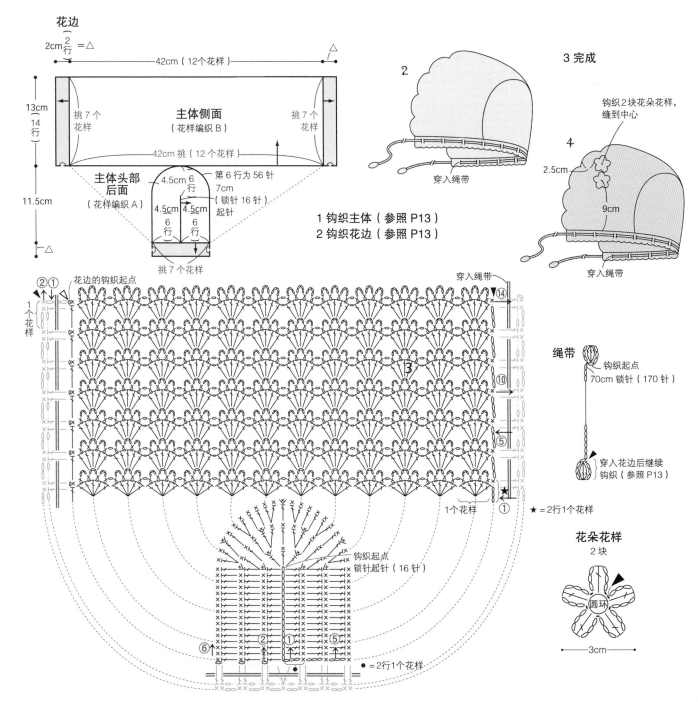

花边
2cm（2行）=△

42cm（12个花样）

13cm（14行）

挑7个花样　主体侧面（花样编织 B）　挑7个花样

42cm挑（12个花样）

主体头部后面（花样编织 A）

11.5cm

4.5cm 6行　第6行为56针　7cm（锁针16针）起针

4.5cm 6行　4.5cm 6行

挑7个花样

1 钩织主体（参照 P13）
2 钩织花边（参照 P13）

2

穿入绳带

3 完成

钩织2块花朵花样，缝到中心

4

2.5cm

9cm

穿入绳带

绳带
钩织起点
70cm 锁针（170 针）

穿入花边后继续钩织（参照 P13）

★ = 2行1个花样

花朵花样
2块

圆环

3cm

花边的钩织起点

穿入绳带

1个花样

钩织起点
锁针起针（16针）

● = 2行1个花样

重点教程

兜帽

图片…P5,7　编织方法…作品P12

主体的钩织方法

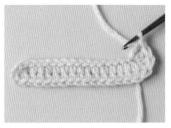

1 从头部后面开始钩织。织入 16 针锁针，起初先将起针的里山挑起，织入长针。编织终点处则是在 1 针锁针中织入 5 针长针。

2 往回钩织时则是将起针的锁链状针脚（上侧 2 根线）挑起，织入长针。按照记号图钩织头部后面，共 6 行。

3 接着钩织侧面。从头部后面的第 6 行挑 12 个花样，接着钩织花样 B。然后按照记号图编织至最终行。

花边针脚的挑针方法

1 在主体侧面的顶端针脚处接线，织入 3 针锁针。然后按照箭头所示，将钩针插入长针的头针中，再钩织长针。

2 钩织 1 针锁针，在侧面边缘将钩针插入短针和长针的头针中，进行挑针，然后织入 2 针长针。

3 在头部后面边缘处将钩针插入短针和长针的头针中，进行挑针，接着织入 2 针长针。

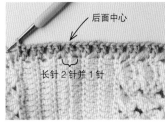

后面中心

长针 2 针并 1 针

4 在后面中心将长针的尾针和锁针成束挑起，织入长针 2 针并 1 针。

绳带的编织方法和穿入方法

1 钩织 4 针锁针，然后将钩针插入第 1 针锁针中，接着织入长针 3 针的枣形针。钩织 3 针锁针，在第 1 针锁针中引拔钩织。再钩织 170 针锁针。

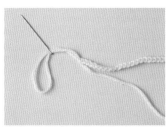

2 钩织完 170 针锁针后暂时取出钩针，拉大针脚。拉大的针脚从缝纫针中穿过，留出 50cm 的线头后剪断。

3 绳带从花边的第 1 行中穿过。

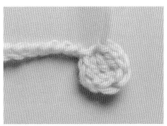

4 穿入绳带后将之前暂停的针脚移回钩针上，再继续钩织另一侧的圆球装饰。

5 分别将钩针插入钩织起点的锁针（左图）和钩织终点处的锁针（右图）中，订缝锁针，再将编织线藏到枣形针的反面，处理好。

13

婴儿鞋，适合初生的宝宝。
手掌大小，很快即可钩织完成。
颜色、款式可随心搭配。

5　　　　6　　　　7

婴儿鞋
0~12 个月

编织方法和重点教程…P16,17

生命中第一件精心制作的礼物
庆典礼服、兜帽、婴儿鞋。
想象着宝宝可爱的神情，
用心一针一针钩织。
宝宝定能感受到你的贴心。

5.6.7 婴儿鞋

图片…P14　重点教程…P17

5 的材料
·可爱宝贝
本白色…20g

6 的材料
·可爱宝贝
粉色…20g

7 的材料
·可爱宝贝
沙褐色…25g

钩针
5/0 号

成品尺寸
参照图

编织方法…作品5、6、7 通用

1 钩织底面
钩织10针锁针起针，进行加针的同时钩织4行。

2 钩织侧面、鞋面、鞋跟、脚踝
接着底面继续钩织，减针的同时织入6行，剪断线。在指定的位置接入新线，往复钩织脚踝，共5行。

3 钩织花边和绳带
接着脚踝处继续钩织花边，再接着钩织绳带。在另一侧接入新线，钩织另一根绳带。

4 完成
6 先钩织花朵花样，缝到鞋面中央，固定。
7 制作绒球，缝到鞋面中央。

3 钩织花边和绳带（参照 P17）

2 钩织侧面和鞋面、鞋跟、脚踝（参照 P17）

1 钩织底面（参照 P17）

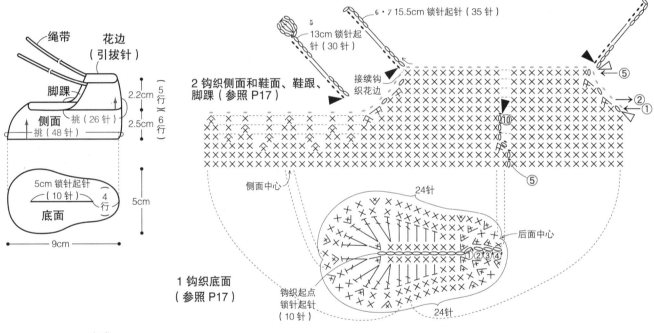

4 完成

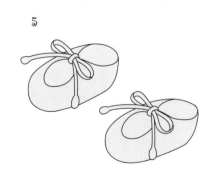

5

6

缝好固定花朵花样

花朵花样
2块

3cm

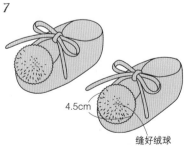

7

4.5cm

缝好绒球

※2股编织线在5cm的厚纸上缠30圈（参照P39）。

重点教程

婴儿鞋

图片…P14　编织方法…作品P16

※ 图片以作品 5 为例进行解说。

钩织底面

钩织 10 针起针，钩织第 1 行去程针脚时，将锁针的里山挑起，回路则是将起针的锁链状针脚（上侧 2 根线）挑起，织入短针。

钩织侧面和鞋面、鞋跟

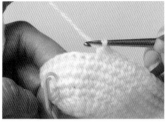

1 接着底面进行圆环钩织至第 10 行。鞋面与鞋跟用短针 2 针并 1 针的方法进行减针。此时，需在鞋面中心和鞋跟中心处事先留出印记。

2 钩织至第 10 行后如图所示。

钩织脚踝

在指定的位置接入新线，进行往复钩织，两端进行减针的同时钩织至最终行。钩织至最终行后如图所示。

花边的钩织方法

在脚踝的终点处继续钩织花边（引拔针），钩织一圈。

绳带的钩织方法

1 钩织一圈花边（引拔针）后，接着再织入 30 针锁针。

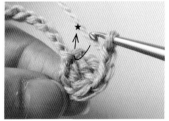

2 钩织 4 针锁针、长针 3 针的枣形针、3 针锁针，然后再将钩针插入枣形针的同一针脚中，引拔钩织。

3 接着将绳带锁针的里山挑起，织入引拔针。

4 往回钩织至绳带的起点处，然后按照箭头所示引拔钩织，从挂在针上的线圈中引拔抽出编织线。

5 线头穿入缝纫针中，按照图片①②的顺序挑起针脚，钩织终点处的针脚收紧固定。

6 线头藏入反面的织片中，处理好。

7 钩织另一根绳带时，先接入新线，然后参照步骤 1~6 的方法钩织。

17

搭扣式设计，方便给睡着的宝宝脱衣。
选用亲肤柔软的有机棉钩织而成，
放心给每位宝宝穿着。

8

短款背心
0~12 个月
钩织方法和重点教程…P20, 22

用条纹花样钩织作品 8 的短款背心。
既可以是纽扣，也可以是打结，
可按妈妈的喜好选择。

短款背心
0~12 个月

钩织方法和重点教程…P20, 22

8.9 短款背心

图片…P18,19　重点教程…P22

● **8 的材料**
Paume Baby Color
淡蓝色…130g
直径 1.8cm 的纽扣 2 颗

● **9 的材料**
·Paume《色棉》
米褐色…75g
·Paume《无垢棉》Baby
本白色…55g

● **钩针**
6/0 号

● **标准织片**
花样钩织边长 10cm 的正方形为 24 针·14.5 行

● **成品尺寸**
胸围 56cm，衣长 32.5cm，肩背宽 22.5cm

● **钩织方法**

1 钩织前、后身片
8…织入 153 针起针，接着前、后身片继续钩织至第 24 行。从第 26 行开始，分别钩织前、后身片。
9…用米褐色钩织 153 针起针，每 2 行钩织条纹花样。

2 订缝肩部
前、后身片相接，用卷针订缝的方法缝合。

3 钩织花边
接着下摆、前端、领口处钩织花边。然后在袖口处钩织花边。

4 完成
8…钩织 2 根绳带，2 个纽扣圈，缝到指定的位置。再缝上 2 颗纽扣。
9…用米褐色钩织 4 根绳带。然后用本白色钩织 2 个绳带顶端的装饰，之后拼接到绳带顶端，缝到衣身的指定位置。

1 钩织前、后身片
2 订缝肩部
3 钩织花边

9 的条纹花样（参照 P22）

| 本白色 | 各2行 |
| 米褐色 | |

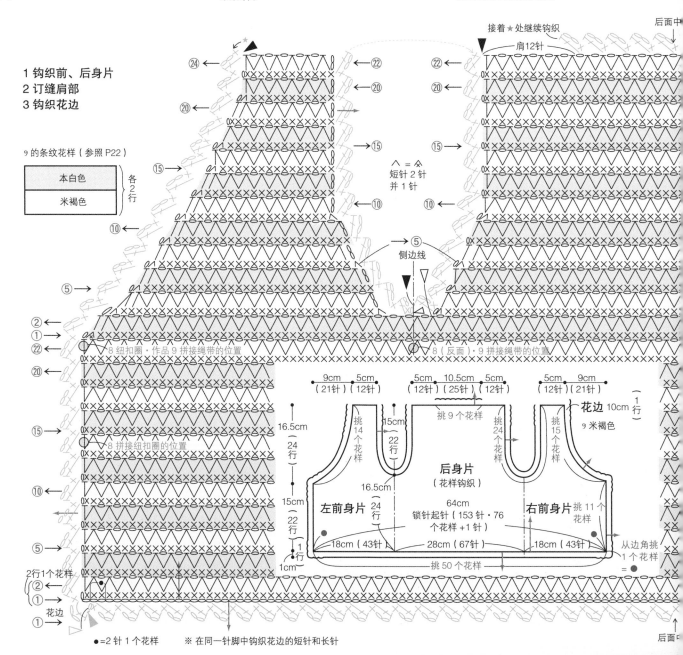

●＝2 针 1 个花样　　※ 在同一针脚中钩织花边的短针和长针

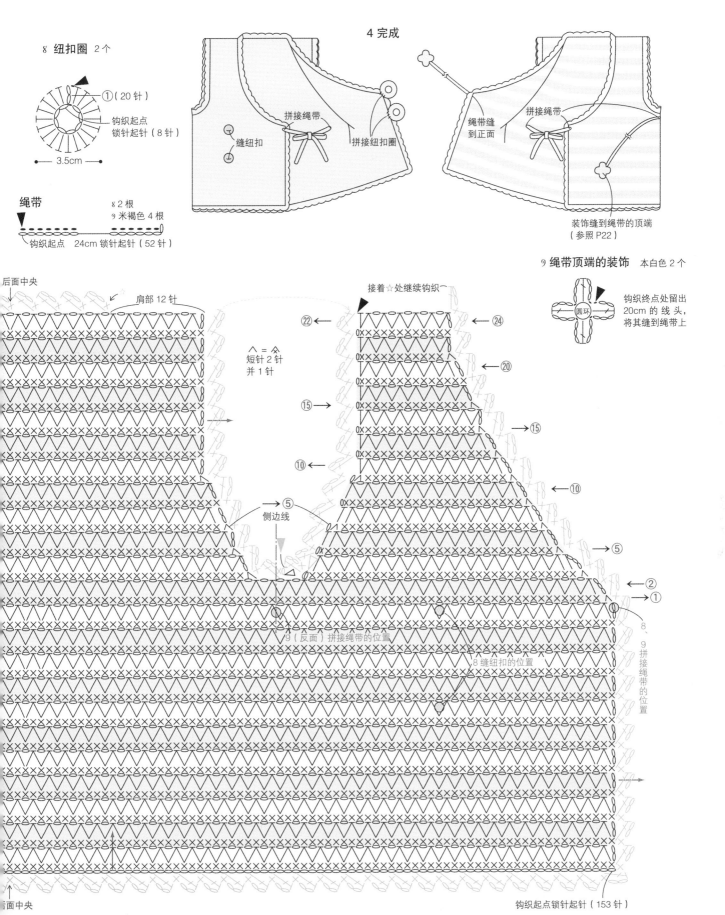

8 纽扣圈 2个

①（20针）
钩织起点
锁针起针（8针）
3.5cm

绳带
8 2根
9 米褐色 4根
钩织起点　24cm 锁针起针（52针）

4 完成

缝纽扣
拼接绳带
拼接纽扣圈

绳带缝到正面
拼接绳带
装饰缝到绳带的顶端
（参照 P22）

9 绳带顶端的装饰　本白色 2个

圆环
钩织终点处留出
20cm 的 线头，
将其缝到绳带上

后面中央
肩部 12针

接着☆处继续钩织

∧＝△
短针 2针
并 1针

22
24
20
15
15
10
10
5
5
2
1

侧边线

9（反面）拼接绳带的位置

8 缝纽扣的位置

8、9 拼接绳带的位置

前面中央

钩织起点锁针起针（153针）

重点教程

短款背心

图片…P18,19　钩织方法…P20

※以9为例进行解说

配色线的替换方法

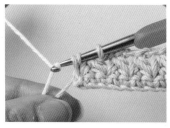

1 用米褐色线钩织2行，在完成最后的中长针之前，换成本白色线，引拔钩织。

2 引拔钩织完成后如图。米褐色线暂时停下，然后用本白色钩织第3、第4行。

3 在完成第4行最后的中长针之前，将暂时停下的米褐色线由下往上拉起，引拔钩织。

4 引拔钩织完成后如图。用同样的方法每2行更换颜色，钩织花样。

绳带顶端装饰的拼接方法和衣身绳带的拼接方法

5 织片顶端成纵向穿引渡线状。

1 装饰终点处的线头穿入缝纫针中，再塞入绳带顶端的针脚中。

2 缝纫针从反面插入装饰的中心。

3 再次插入缝纫针。

4 线头藏到装饰的反面，处理好。

5 绳带钩织终点与起点处的线头从正面穿入织片中。

6 在反面来回穿2次，打结。

7 线头藏入织片的反面，处理好。

重点教程

褓裸·斗篷式褓裸

图片…P24,25　钩织方法…P26

※ 图片以作品 10 为例进行解说

花样的钩织方法

1 用黄绿色线钩织 2 行，在终点的针脚处引拔钩织编织线，剪断线。

2 接入橄榄绿色的编织线，钩织第 3、第 4 行，剪断线。钩织完 4 行后如右上图所示。

3 接入本白色编织线，钩织第 5 行。然后钩织 1 针立起的锁针，锁针 8 针。

4 反方向交替拿好花样，将第 4 行的锁针（步骤 3 图片的 ★ 处）成束挑起，织入引拔针。此时，将编织线拉至花样的反面，从第 4 行的针脚与针脚间挂线，引拔钩织。

5 引拔钩织完成后如图。

6 钩织 1 针锁针，从第 3 行的针脚与针脚间挂线，将第 3 行的锁针（步骤 5 图片的 ★ 处）成束挑起，引拔钩织。

7 用同样的方法钩织至第 1 行。

8 在第 1 行的长针头针处引拔钩织。钩织完 1 针锁针后按照同样的要领，用引拔针和锁针钩织至第 4 行。

花样的拼接方法

9 钩织完成后如图。重复步骤 3~9，用本白色线钩织 1 圈。

1 将花样放在主体周围，注意整体均衡，用绷针固定。

2 利用钩织起点处的线头将花样缝到主体的中心处。

3 利用钩织终点处的线头将花样周围缝到主体上。

小雏菊花样的襁褓。

喂奶和换衣服时加盖在宝宝身上，非常方便。

宝宝长大后也可用来盖膝。

10

襁褓

钩织方法和重点教程···P26, 23

11

大小只有作品 10 褟褓的一半，缝上纽扣后可以用做斗篷。
妈妈外出散步时正好可以放在手提包中，尺寸正好。
相当实用。

斗篷式褟褓

钩织方法和重点教程…P26, 23

10.11

襁褓·斗篷式襁褓

图片…P24,25　重点教程…P23

● **10 的材料**
· 有机羊毛 Field
黄绿色…290g
橄榄绿…65g
本白色…50g

● **11 的材料**
· 有机羊毛 Field
紫色…150g
深紫色…35g
本白色…25g
· 直径 1.8cm 的纽扣 2 颗

● **钩针**
5/0 号

● **标准织片**
花样钩织边长 10cm 的正方形 20 针·11.5 行

● **成品尺寸**
参照图

● **钩织方法…10·11 通用**

1 钩织主体
织入 188 针锁针起针，然后钩织指定的行数。

2 钩织花样
配色的同时分别钩织指定的块数。

3 完成
花样缝到主体周围。11 钩织纽扣圈，再将纽扣圈和纽扣缝到指定的位置。

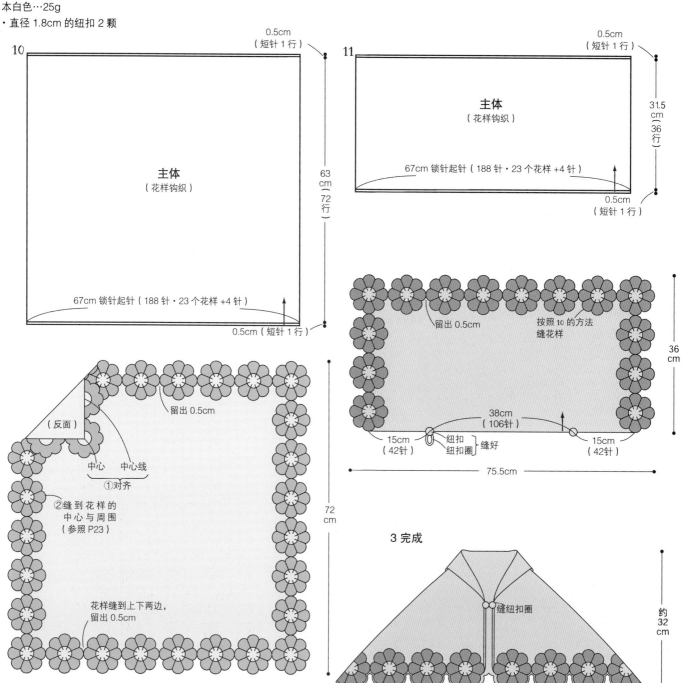

10

0.5cm（短针 1 行）

主体
（花样钩织）

67cm 锁针起针（188 针·23 个花样 +4 针）

63（72 行）

0.5cm（短针 1 行）

（反面）

中心　中心线
①对齐

②缝到花样的
中心与周围
（参照 P23）

留出 0.5cm

花样缝到上下两边，
留出 0.5cm

72 cm

75.5cm

11

0.5cm（短针 1 行）

主体
（花样钩织）

67cm 锁针起针（188 针·23 个花样 +4 针）

31.5 cm（36 行）

0.5cm（短针 1 行）

留出 0.5cm

按照 10 的方法
缝花样

36 cm

38cm（106 针）

15cm（42 针）
纽扣
纽扣圈
缝好

15cm（42 针）

75.5cm

3 完成

缝纽扣圈

约 32 cm

26

2 钩织花样（按照 P23）

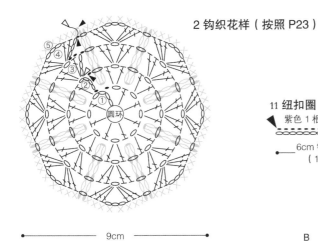

圆环

9cm

花样

配色表与块数

	1·2 行	3·4 行	5 行	块数
10 褶裤	黄绿色	橄榄绿色	本白色	28
11 斗篷	紫色	深紫色	本白色	14

11 纽扣圈（引拔针的绳带）

紫色 1 根

6cm 锁针起针
（14 针）

引拔针钩织绳带的方法

A

钩针插入里山中

B

针上挂线后引拔钩织

重复 A·B

1 钩织主体

※ 10 黄绿色　11 紫色
※（）内为 11 斗篷的行数

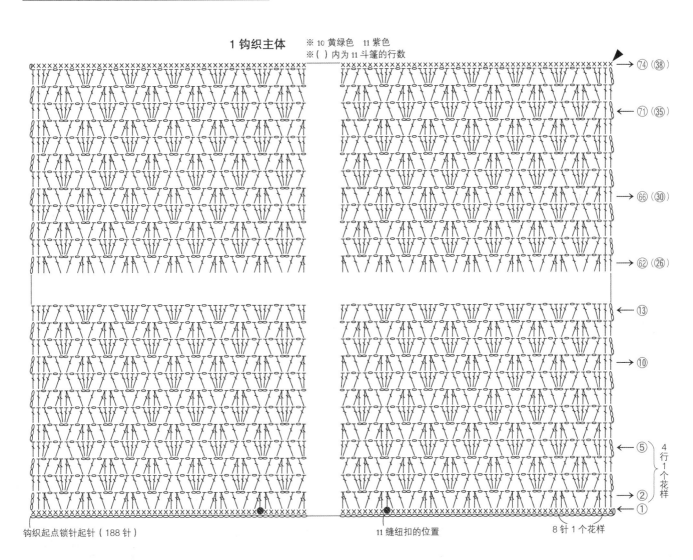

钩织起点锁针起针（188 针）

11 缝纽扣的位置

4 行 1 个花样

8 针 1 个花样

长及臀部的镂空保暖背心。

由于设计的长度足够，即便是活泼好动的宝宝也不用担心会着凉。

雪花的结晶花样和数量，都可带来不同的改良效果。

12

长款背心
0~12个月

钩织方法和重点教程…P31、30

长款背心
0~12 个月

钩织方法和重点教程···P31, 30

长款背心

图片…P28,29　钩织方法…P31

※ 图片以作品 13 为例进行解说

花样的钩织方法与拼接方法

※ 为了让针脚更清晰明了，我们采用粗一些的针进行钩织解说。

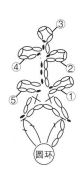

1 钩织完第 1 行后，再在第 2 行织入 2 针锁针、1 针短针、6 针锁针，然后在第 1 针锁针的里山处引拔钩织出①的线圈。

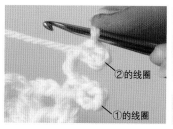

2 钩织 8 针锁针，在第 4 针锁针的里山中引拔钩织②的线圈。

3 钩织 5 针锁针，然后在第 2 针锁针的里山中引拔钩织③的线圈。接着在锁针的第 1 针里山处引拔钩织。

缝纽扣的方法和拼接方法

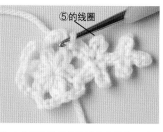

4 钩织 5 针锁针，然后在第 1 针锁针的里山中钩织④的线圈。

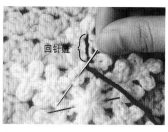

5 在步骤 2 钩织的锁针里山处往回钩织 3 针引拔针。接着 5 针锁针，然后在第 1 针锁针的里山处引拔钩织⑤的线圈。继续用 1 针短针、2 针锁针、1 针引拔针继续钩织下面的花样。

6 花样置于衣身旁，插入绷针固定。用同色编织线将花朵花样中心的针脚分开，然后用回针缝缝好固定。

 *(缝纽扣)*

1 钩织纽扣，从终点处的针脚中引拔抽出线，线头则穿入缝纫针中。

2 将中长针头针外侧的半针挑起，缝好固定。收紧时将纽扣起点处的线头抽紧塞入其中。

3 线在针上缠 1 圈，抽出针后再收紧线头。

4 缝纫针从纽扣中穿过。

5 衣身的织片、纽扣交替缝好，线头藏到衣身的反面，处理好线头。

12.13　长款背心

图片…P28,29　重点教程…P30

● 12 的材料
· 可爱宝贝
本白色…170g
沙色…5g
· 直径 1.3cm 的纽扣 1 颗（内侧纽扣用）

● 13 的材料
· 可爱宝贝
粉色…170g
本白色…10g
· 直径 1.3cm 的纽扣 1 颗（内侧纽扣用）

● 钩针
3/0、5/0、6/0 号

● 标准织片
花样钩织边长 10cm 的正方形 5.5 个花样，11.5 行。

● 成品尺寸
胸围 58cm，衣长 42.5cm，肩背宽 22cm

● 钩织方法…12、13 通用

1 钩织前、后身片
钩织 161 针锁针，两侧进行减针，同时接着前、

后身片钩织至第 32 行。从第 33 行开始分开钩织前、后身片。

2 订缝肩部
前后相接，用卷针订缝的方法缝合。

3 钩织花边
接着下摆、前端、领口钩织花边。在袖口侧边线处接入新线，钩织花边 B。

4 完成
钩织花样和纽扣，拼接到指定位置。

纽扣 5/0 号针（参照 P30）
12 本白色 5 颗
13 粉色 6 颗

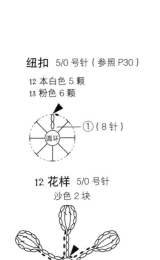

12 花样 5/0 号针
沙色 2 块

6cm

13 花样 3/0 号针
本白色 2 块（参照 P30）

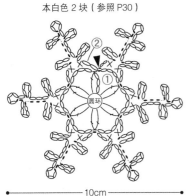

10cm

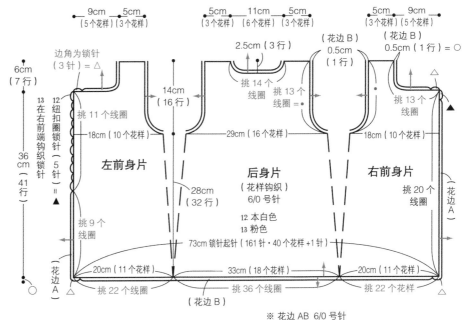

※ 花边 AB 6/0 号针
12 本白色　13 粉色

4 完成

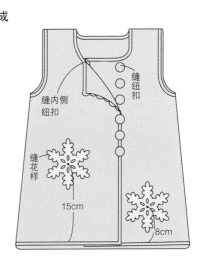

31

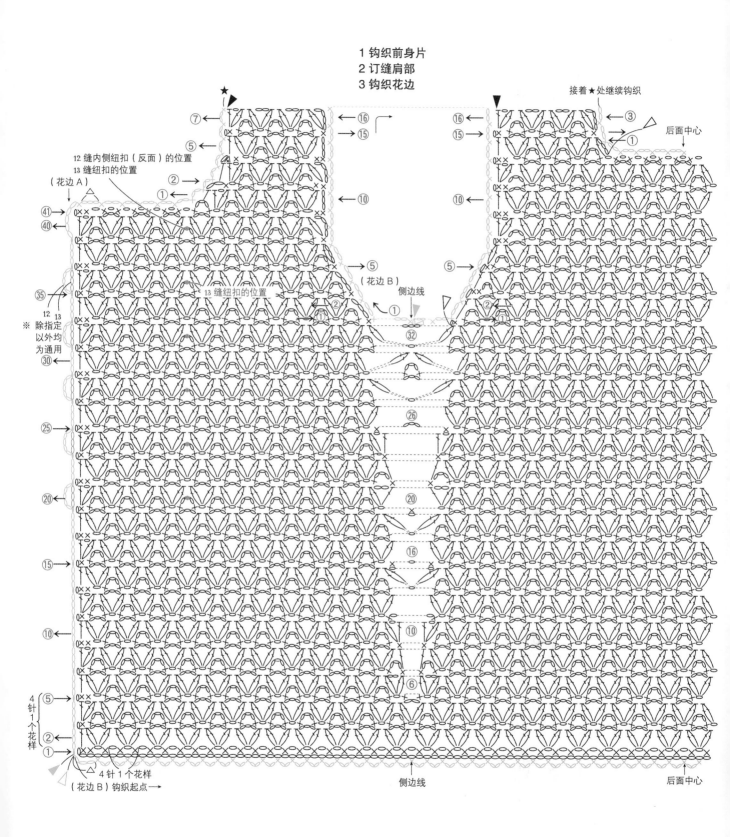

1 钩织前身片
2 订缝肩部
3 钩织花边

12 缝内侧纽扣（反面）的位置
13 缝纽扣的位置
（花边 A）

13 缝纽扣的位置
（花边 B）

接着★处继续钩织

后面中心

侧边线

※除指定以外均为通用

4 针 1 个花样

4 针 1 个花样
（花边 B）钩织起点→

侧边线

后面中心

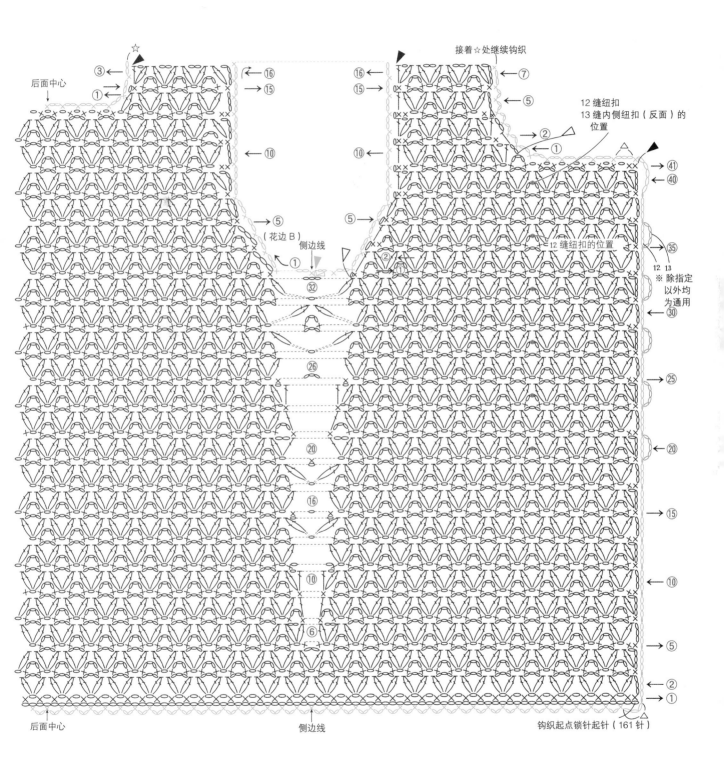

接着☆处继续钩织

后面中心

12 缝纽扣
13 缝内侧纽扣（反面）的
位置

（花边 B）

侧边线

12 缝纽扣的位置

12 13

※ 除指定
以外均
为通用

后面中心

侧边线

钩织起点锁针起针（161 针）

14

15

斗篷

14…0~12 个月　　15…12~24 个月

钩织方法和重点教程…P36, 39

只需披上即可，非常适合外出时使用。
另外，手还可以自由活动，
对于刚学会站立的宝宝来说最方便不过了。

15

在 P34 的斗篷中加入了帽子。
可用纽扣简单拼接，
寒冷的日子外出时，帽子温暖十足哦。

14.15　斗篷

图片…P34,35　重点教程…P39

● **14 的材料**
· 有机羊毛 Field
粉色…145g
● **15 的材料**
Yasai 花田 L《普通粗线》
米白色
主体 275g，帽子…95g
· 直径 1.3cm 的纽扣 7 颗（拼接帽子时）
● **钩针**
14＝5/0 号　15＝7/0 号

● **标准织片**
14＝边长 10cm 的正方形花样 A·B/ 29 针（起针位置）· 13 行
15＝边长 10cm 的正方形花样 A·B/ 23.5 针（起针位置）· 10.5 行，花样 C/ 1 个花样（9 针）约 5cm（起针位置）2 行为 2cm
● **成品尺寸**
14＝长 25.5cm
15＝长 32cm

● **钩织方法**…14、15 通用
1 钩织主体
钩织 149 针锁针起针，然后用花样 A 钩织 25 行，从第 26 行开始逐一分开钩织每个花样。
2 钩织衣领
从起针挑 149 针，然后用花样 B 钩织 8 行。
3 钩织帽子·仅 15
在头部后面起针，接着钩织花样 C。纽扣缝合到主体起针的指定位置，拼接帽子。
4 完成
钩织绳带，穿入衣领的第 1 行中。14 的绳带两端拼接绒球。

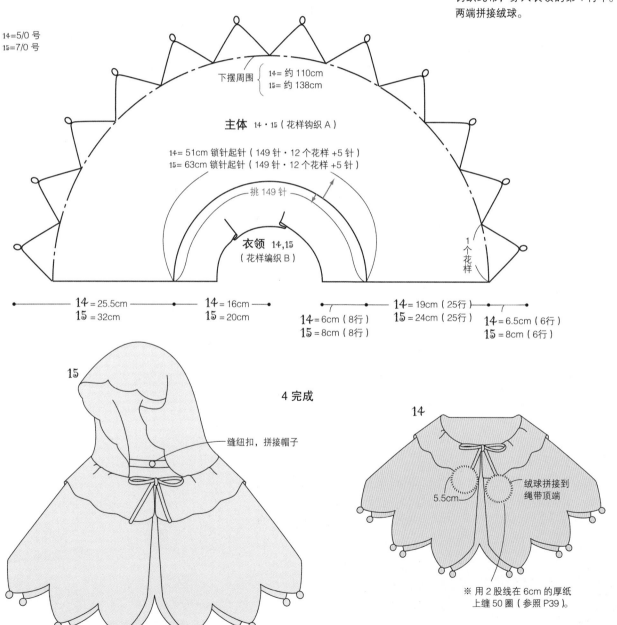

14＝5/0 号
15＝7/0 号

下摆周围 { 14＝约 110cm
　　　　　 15＝约 138cm

主体 14·15（花样钩织 A）

14＝51cm 锁针起针（149 针·12 个花样 +5 针）
15＝63cm 锁针起针（149 针·12 个花样 +5 针）

挑 149 针

衣领 14,15
（花样编织 B）

1 个花样

14 = 25.5cm　　14 = 16cm　　　14 = 19cm（25 行）　　14 = 6.5cm（6 行）
15 = 32cm　　　15 = 20cm　　　15 = 24cm（25 行）　　15 = 8cm（6 行）
　　　　　　　　　　　　　14 = 6cm（8 行）
　　　　　　　　　　　　　15 = 8cm（8 行）

15

4 完成

缝纽扣，拼接帽子

14

绒球拼接到绳带顶端
5.5cm

※ 用 2 股线在 6cm 的厚纸上缠 50 圈（参照 P39）。

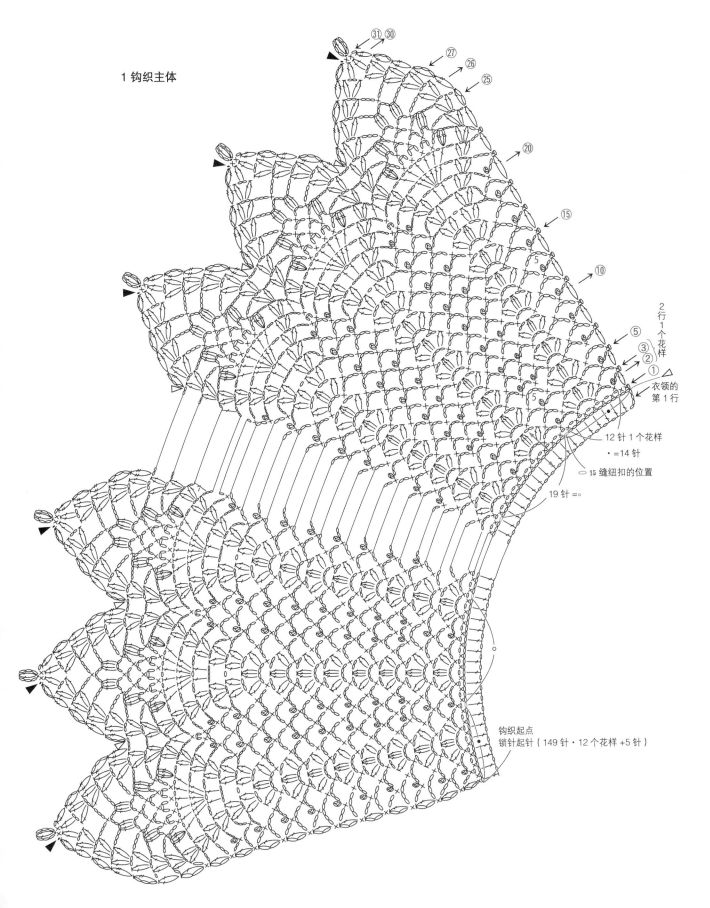

1 钩织主体

㉛ ㉚
㉗
㉖
㉕
⑳
⑮
⑩
2行1个花样
⑤
③②
①
衣领的第1行
12针1个花样
•＝14针
15缝纽扣的位置
19针 ＝○
钩织起点
锁针起针（149针・12个花样＋5针）

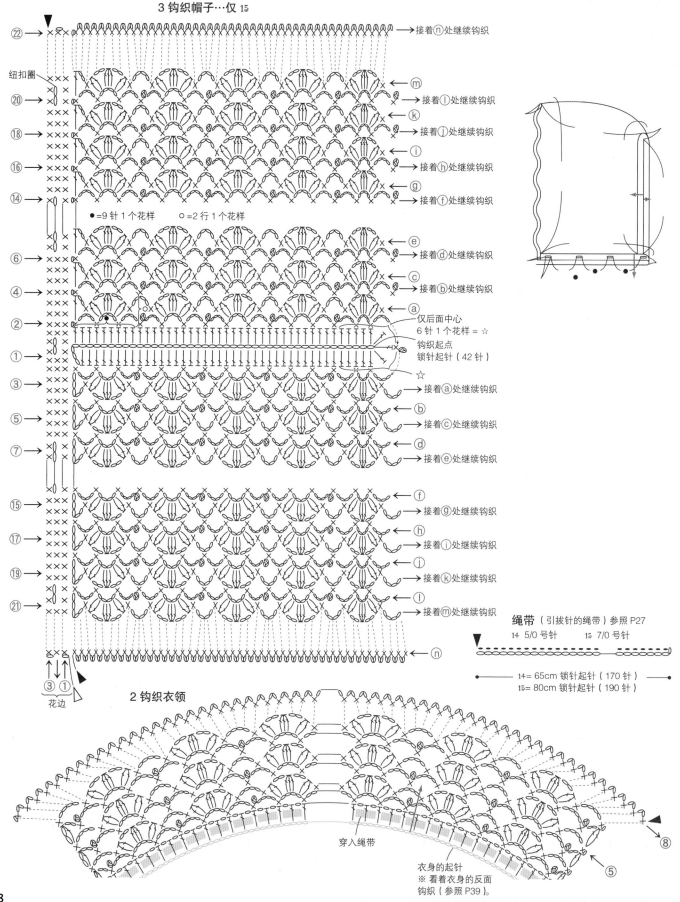

3 钩织帽子…仅 15

接着(n)处继续钩织

纽扣圈

接着(i)处继续钩织

接着(j)处继续钩织

接着(h)处继续钩织

接着(f)处继续钩织

●=9 针 1 个花样　○=2 行 1 个花样

接着(d)处继续钩织

接着(b)处继续钩织

仅后面中心
6 针 1 个花样 = ☆
钩织起点
锁针起针（42 针）
☆

接着(a)处继续钩织

接着(c)处继续钩织

接着(e)处继续钩织

接着(g)处继续钩织

接着(i)处继续钩织

接着(k)处继续钩织

接着(m)处继续钩织

绳带（引拔针的绳带）参照 P27
14　5/0 号针　　15　7/0 号针

14= 65cm 锁针起针（170 针）
15= 80cm 锁针起针（190 针）

③ ①
花边

2 钩织衣领

穿入绳带

衣身的起针
※ 看着衣身的反面
钩织（参照 P39）。

⑧

⑤

38

重点教程

斗篷

图片…P34,35　钩织方法…P36

※ 图片以作品 14 为例进行解说

衣领的钩织方法

1 看着衣身的反面钩织。在顶端的针脚处接入编织线，钩织 3 针立起的锁针。

2 重复钩织"1 针锁针，将主体的锁针成束挑起，织入 1 针长针"，进行挑针。

绒球的制作方法和绳带的拼接方法

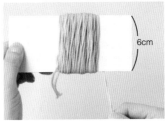

6cm

1 用 2 股线在宽 6cm 的厚纸上缠 50 圈。

2 取出厚纸，中心打 2 次结，拉紧。打结的编织线再拼接绳带时还会用到，所以需要先留出 20cm 的线头。

3 剪刀穿入圆环中，剪断。

4 整体修剪成圆球状。

5 用其中 1 根打结的编织线穿入结头中。

6 修剪之前穿入结头的编织线，长度与绒球一致。

缝纽扣使用的编织线（拆分线）的制作方法

※ 缝作品 15 的纽扣时使用

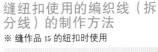

7 绳带从衣领的第 1 行穿过。绒球处的打结线穿入缝纫针中，再塞入绳带的顶端。

8 将绒球的结头分开，穿入缝纫针中。

9 绳带顶端与绒球的结头处来回穿两三次，固定。修剪线头，长度与绒球一致。

用同款编织线缝纽扣，但如果线太粗，可以将线拆开，用 1 股线即可。将编织线修剪成必要的长度，缠在指尖，捻合。

用暖暖的毛呢线钩织而成的鞋子。
雪地靴式的休闲设计，
妈妈也可以钩织一双哦。

16

17

鞋子
16···0~12 个月
17···12~24 个月

钩织方法和重点教程···P41,42

16.17 鞋子

图片…P40　重点教程…P42

16 的材料
- Sonomono Tweed
沙褐色…30g
- 直径 1.8cm 的纽扣 2 颗

17 的材料
- Softy Tweed
淡蓝色…35g
- 直径 1.8cm 的纽扣 2 颗

钩针
16＝5/0 号
17＝6/0 号

成品尺寸
参照图

钩织方法…16,17 通用

1 钩织底面
织入 16 针锁针，加针的同时钩织 7 行。

2 钩织鞋面、侧面
钩织 38 针起针，分别钩织左右鞋面、侧面。

3 完成
分别将左右两侧的印记对齐，底面与鞋面、侧面用卷针订缝的方法缝合。纽扣圈缝到指定的位置，用锁针钩织拼接。缝纽扣。

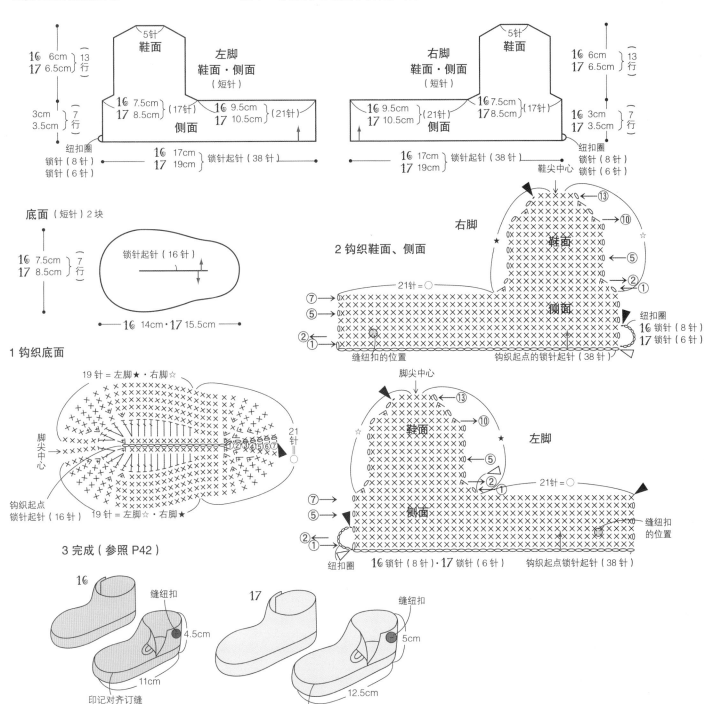

重点教程

鞋子

图片…P40　钩织方法…P41

鞋底和鞋面、侧面的拼接方法　※16、17通用

1 分别钩织底面和鞋面、侧面。

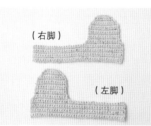

2 右脚、左脚用对称的方法钩织鞋面、侧面。

3 底面与鞋面、侧面对齐，鞋面中心、鞋跟和中心、左右侧面的4个位置用编织线暂时固定。

4 侧面的开口处（步骤3的★印记处）插入缝纫针，用卷针缝合。

纽扣圈的钩织方法　※图片以作品17为例进行解说。

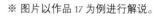

5 底面部分将最终行的头针挑起，然后将鞋面织片顶端的针脚分开，插入缝纫针。

6 底面与鞋面、侧面缝合，注意整体平衡。

1 底面与鞋面、侧面订缝方法的步骤3，将钩针插入▲印记中，引拔抽出线，织入6针锁针。

2 钩针插入侧面第3行箭头所示的针脚中，引拔抽出。

普通纽扣的缝法　※图片以作品16为例进行解说

3 从针脚中取出钩针，引拔抽出线后将线头藏到反面。

1 缝纫针插入织片的反面，纽扣来回缝2次，固定，从编织线的底部穿出针。

2 编织线在底部缠2~3圈，使其具有一定的高度。

3 从反面穿出针，藏到织片的反面，处理好线头。

重点教程

中长款背心·长衣裙

图片…P44,45　钩织方法…P46

侧边的订缝方法·短针的锁针接缝　※ 18,19 通用

1 衣身正面相对合拢，钩针插入顶端的针脚中，挂线后引拔抽出，然后再次在针上挂线，引拔钩织。

2 引拔钩织后如图。将衣身第 2 行的短针挑起后再钩织 1 针短针，接着织入 2 针锁针。

3 衣身的第 3 行以后，均是将长针（或者立起的锁针）和短针挑起，织入 2 针短针，接着钩织 2 针锁针。

4 重复步骤 3，再用 2 针短针、2 针锁针接缝缝合。

背心花样 B 的钩织方法

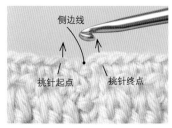

侧边线
挑针起点　挑针终点

1 缝合侧边后再进行挑针，因此需要注意侧边线的挑针位置。缝合部分需放 1 针，因此挑针数比起针数少 1 针，即 60 针。钩针插入挑针起点的针脚中，引拔抽出编织线。然后织入 2 针锁针、中长针进行挑针。

2 第 1 行的终点处，在最后的针脚中引拔钩织时换成本白色编织线，再进行引拔钩织。沙褐色编织线暂时停下。

3 用本白色编织线织入 1 针短针。

4 第 2 行的终点处，在最后的针脚中引拔钩织时换成之前的沙褐色编织线，由下往上拉起后进行引拔钩织。接着钩织第 3 行立起的 2 针锁针，本白色编织线暂时停下。

中长针条针的钩织方法 | 　 长衣裙蝴蝶结的制作方法

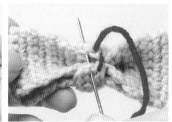

将第 2 行头针的外侧半针挑起后钩织 1 行中长针的条针。同样地，换线后继续钩织至第 5 行。

1 蝴蝶结的主体钩织成环状，起点与终点处的针脚逐一挑起，再进行卷针订缝。

2 主体中心缠上带子。

3 带子用卷针订缝的方法缝到后面，调整蝴蝶结的形状，再缝到衣身处。

方便穿脱的设计，
肩部开口，非常实用的背心。
选用浅黄色，里面搭哪种打底衫都可以。

18

中长款背心
12~24 个月

钩织方法和重点教程···P46, 43

作品 18 的中长款背心再钩织加入下摆。
一直可以穿到会走路的时候。
适合喜爱时尚装扮的宝宝。

上衣裙
12~24 个月

钩织方法和重点教程…P46, 43

18.19　中长款背心・上衣裙

图片…P44,45　重点教程…P43

● **18 的材料**
・可爱宝贝
沙黄色…85g
沙褐色…20g
本白色…10g
・直径 1.2cm 的纽扣 4 颗

● **19 的材料**
・可爱宝贝
紫褐色…165g
粉褐色…20g
・直径 1.2cm 的纽扣 4 颗

● **钩针**
6/0 号

● **标准织片**
边长 10cm 的正方形花样 A/ 22 针・13 行，花样 B/ 22 针为 10cm，5 行为 3.5cm，花样 C/1 个花样为 3.2cm（钩织终点）・15 行为 13.5cm

● **成品尺寸**
18= 胸围 56cm，衣长 30.5cm，肩背宽 19.5cm
19= 胸围 56cm，衣长 44cm，肩背宽 19.5cm

● **钩织方法**…18・19 通用

1 钩织前后身片
织入 61 针锁针，再用花样 A 继续钩织。

2 缝合侧边
正面相对合拢，用 2 针短针、2 针锁针缝合。

3 钩织下摆和裙摆（仅 19）
在前身片的侧边接入编织线，用花样 B 钩织下摆。
19 则是用花样 C 钩织 15 行裙摆。

4 钩织花边
肩部周围钩织花边 A，袖口、领口钩织花边 B。

5 完成
18 钩织装饰纽扣，19 钩织蝴蝶结，缝到指定的位置。纽扣缝到两肩处。

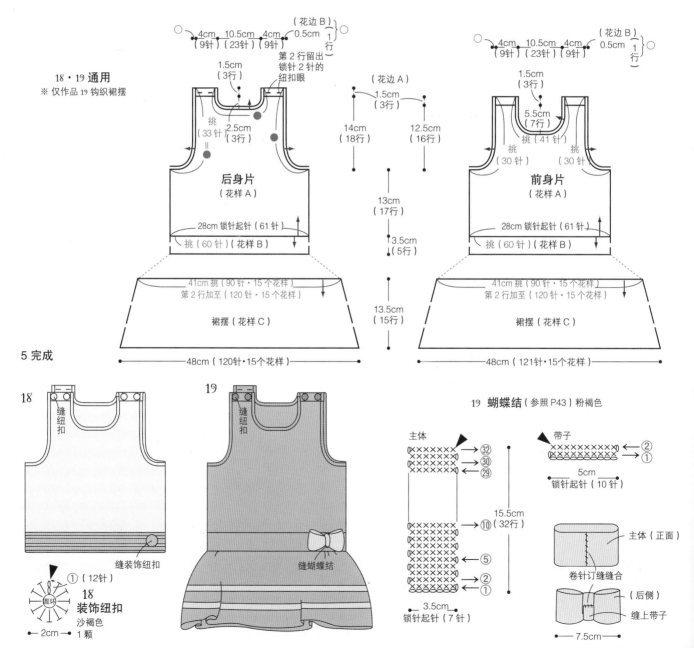

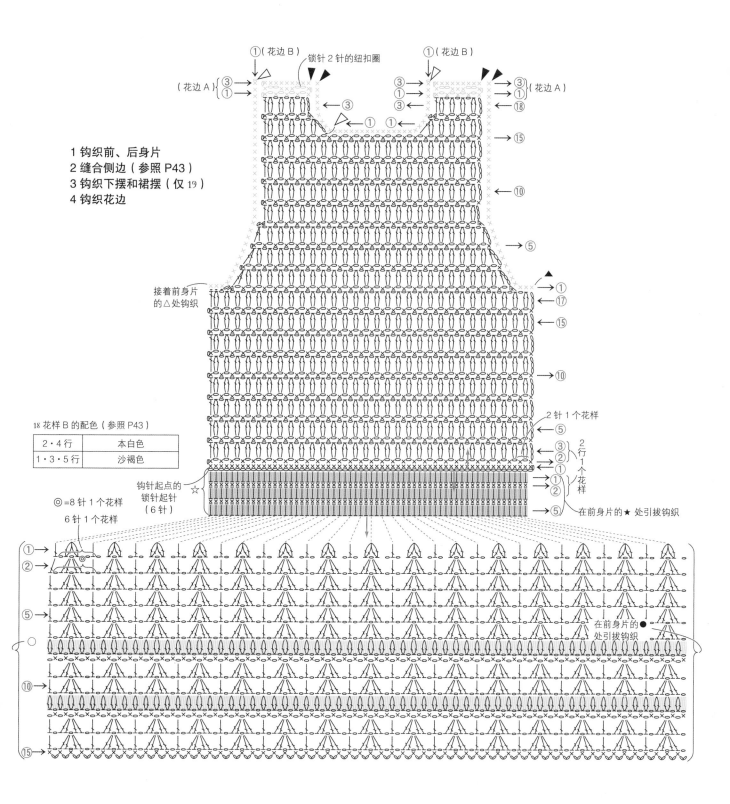

1 钩织前、后身片
2 缝合侧边（参照 P43）
3 钩织下摆和裙摆（仅 19）
4 钩织花边

①（花边 B）
锁针 2 针的纽扣圈
①（花边 B）
（花边 A）{③①
（花边 A）
③①③⑱
⑮
⑩
⑤

接着前身片的△处钩织

①⑰⑮⑩

2 针 1 个花样

2 行 1 个花样

③②①
①②
⑤
在前身片的★处引拔钩织

18 花样 B 的配色（参照 P43）

2・4 行	本白色
1・3・5 行	沙褐色

钩针起点的锁针起针（6 针）
☆

◎=8 针 1 个花样
6 针 1 个花样

①②⑤⑩⑮

在前身片的●处引拔钩织

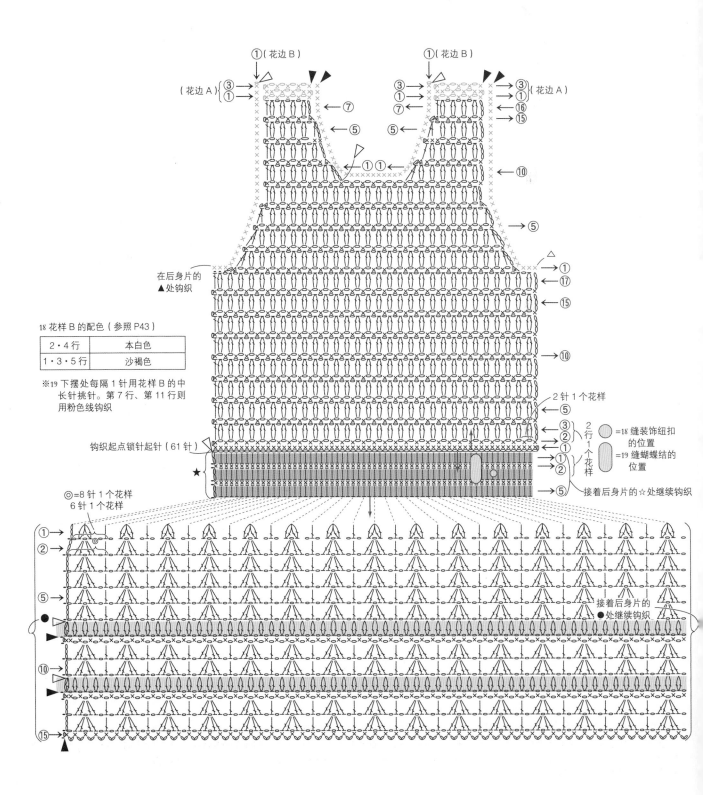

① (花边 B)　　　　　　　　① (花边 B)

(花边 A) {③→　①　　　　　　③→　① (花边 A)
　　　　　①→　　　　　　　　①→
　　　　　①→　　　　←⑦　　⑦→　　←⑯
　　　　　←⑤　　　　　　⑤→　←⑮

　　　　　　　①①　　　　　　←⑩

　　　　　　　　　　　　　　　　⑤

在后身片的
▲处钩织　　　　　　　　　　　　　　①
　　　　　　　　　　　　　　　　　⑰
　　　　　　　　　　　　　　　　　⑮

18 花样 B 的配色（参照 P43）

| 2・4行 | 本白色 |
| 1・3・5行 | 沙褐色 |

※19 下摆处每隔 1 针用花样 B 的中
长针挑针。第 7 行、第 11 行则
用粉色线钩织

　　　　　　　　　　　　　　　　　⑩

　　　　　　　　　　　　　　　　　⑤

2 针 1 个花样

钩织起点锁针起针（61 针）

　　　　　　　　　　　　　　③→
　　　　　　　　　　　　　　②→
　　　　　　　　　　　　　　①→
★　　　　　　　　　　　　　　①→
　　　　　　　　　　　　　　②

◯=8 针 1 个花样
6 针 1 个花样

⬤=18 缝装饰纽扣
的位置
⬤=19 缝蝴蝶结的
位置

2
行
1
个
花
样

接着后身片的☆处继续钩织

①
②→

⑤→

⬤

⑩→

接着后身片的
⬤处继续钩织

⑮

重点教程

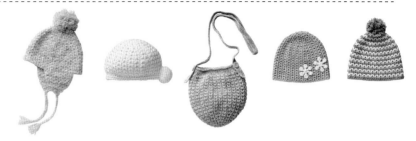

帽子·小挎包

图片…P50,51　钩织方法…P52

主体加针的钩织方法　※ 20、21、22、23、24 通用

1 钩织第1行，从第2行开始加针。然后将第1行的锁针成束挑起，在●印记部分钩织中长针2针的枣形针，共3针，每隔1个花样进行加针。其他部分则是钩织中长针2针的枣形针，共2针。

2 第3行则是按照步骤1的要领，在●的印记部分每隔2针进行加针。

3 钩织第3行。按同样的要领按照记号图钩织至第8行，同时进行加针。

20 麻花辫的拼接方法和钩织方法

1 将3根50cm的同款钩织线穿入护耳的最终行，共2个位置。

2 对折，长度一致。

3 4根为一组，分为3组，按照①、②的顺序交叉。

4 接着按相同的要领左右交叉编织线，同时编织麻花辫。

21 花边的拼接方法

5 编织麻花辫，至距离线头4cm的位置，然后用相同的编织线缠两三圈，打结。线头穿入结头中，修剪整齐。

1 花边往内侧折叠，缝纫针插入花边最终行头针的针脚中。

2 然后将花边第1行中长针的尾针与最终行的针脚交替挑起。

3 根据织片的伸缩性，稍微松弛一些，缝一圈。

20~24 的帽子和小挎包的基本钩织方法相同。

颜色、材料、细节变换后，设计的质感也截然不同。

可根据日常的搭配钩织适合的单品。

帽子
12~24 个月

钩织方法和重点教程…P52,49

22

23

24

小挎包、帽子
12~24 个月

钩织方法和重点教程··P52.49

20~24

帽子、小挎包

图片···P50,51　重点教程···P49

● 20 的材料
· Loople
粉色···55g

● 21 的材料
· Cupid（2 股线）
本白色···65g

● 22 的材料
· Sonomono《粗线》
米褐色···60g

● 23 的材料
· Paume《彩色土染》
灰色···50g
· Paume《无垢棉》Baby
本白色···5g

● 24 的材料
· Paume《无垢棉》Baby
本白色···25g
· Paume《彩色棉》
茶色···40g

● 钩针
20、23、24···5/0 号，21···8/0 号，22···4/0 号

● 成品尺寸
参照图

1 钩织主体（参照 P49）
2 钩织花边

● 钩织方法···帽子 20,21,22,23,24 通用
1 钩织主体
用线头进行圆环起针，然后用花样分别钩织指定的行数。
2 钩织花边
21 钩织花边，然后往内侧翻折，缝好。
23 与 24 钩织花边 A。
3 钩织装饰，完成
20 钩织拼接护耳和绒球，21 和 24 钩织拼接绒球，23 钩织拼接花样。

小挎包 22
用与帽子相同的花样钩织主体，再钩织肩带和装饰纽扣。

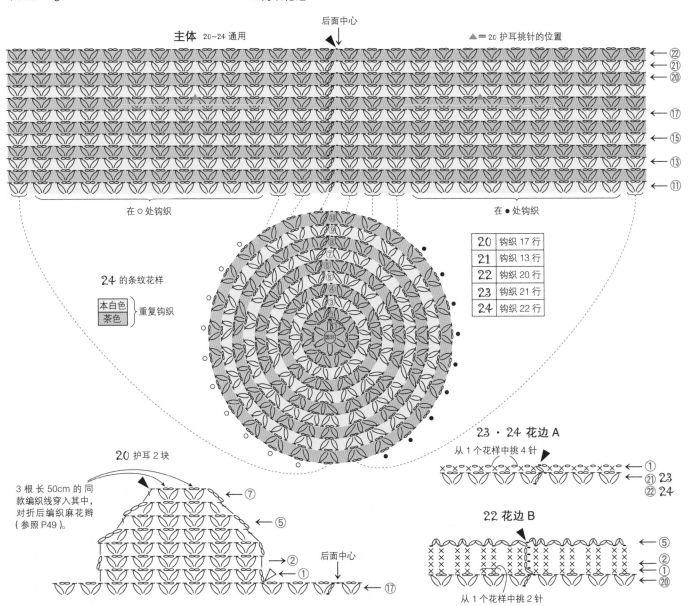

主体 20~24 通用

后面中心

▲＝20 护耳挑针的位置

←22
←21
←20
←17
←15
←13
←11

在 ○ 处钩织　　在 ● 处钩织

24 的条纹花样

本白色　重复钩织
茶色

20	钩织 17 行
21	钩织 13 行
22	钩织 20 行
23	钩织 21 行
24	钩织 22 行

23 · 24 花边 A

从 1 个花样中挑 4 针

←①
21 23
22 24

20 护耳 2 块

3 根长 50cm 的同款编织线穿入其中，对折后编织麻花辫（参照 P49）。

←⑦
←⑤
→②
→①

后面中心

←⑰

22 花边 B

←⑤
←②
←①
←⑳

从 1 个花样中挑 2 针

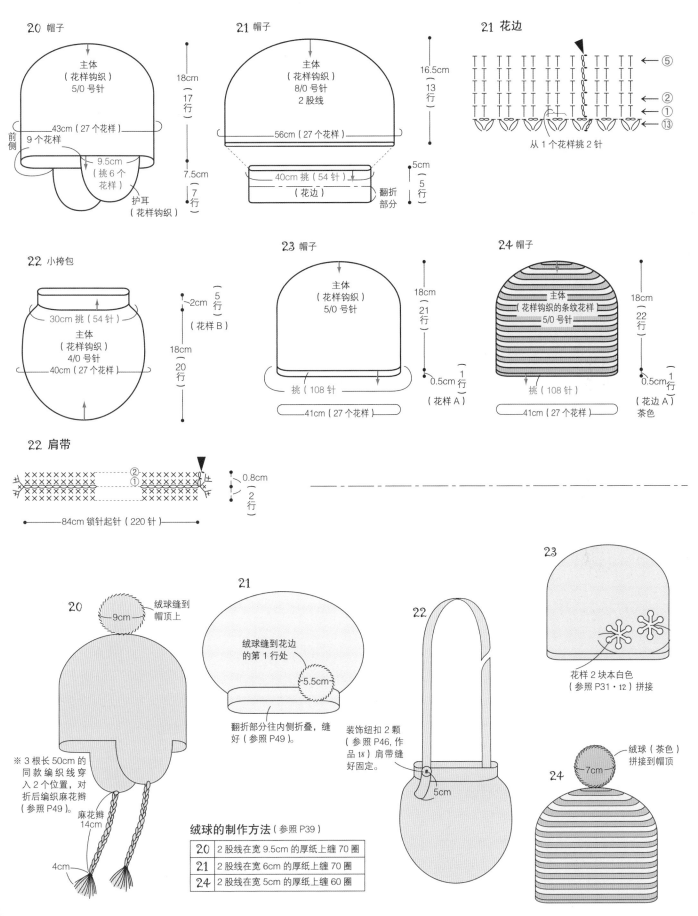

20 帽子

主体
（花样钩织）
5/0 号针

18cm
（17 行）
7.5cm
（7 行）

43cm（27 个花样）
前侧
9 个花样
9.5cm（挑 6 个花样）
护耳（花样钩织）

21 帽子

主体
（花样钩织）
8/0 号针
2 股线

16.5cm
（13 行）

56cm（27 个花样）
40cm 挑（54 针）
（花边）
翻折部分
5cm
（5 行）

21 花边

⑤
②
①
⑬

从 1 个花样挑 2 针

22 小挎包

30cm 挑（54 针）
主体
（花样钩织）
4/0 号针
40cm（27 个花样）

2cm
（5 行）
（花样 B）
18cm
（20 行）

23 帽子

主体
（花样钩织）
5/0 号针

18cm
（21 行）

挑（108 针）
41cm（27 个花样）

0.5cm
（1 行）
（花样 A）

24 帽子

主体
（花样钩织的条纹花样）
5/0 号针

18cm
（22 行）

挑（108 针）
41cm（27 个花样）

0.5cm
（1 行）
（花边 A）
茶色

22 肩带

②
①

0.8cm
（2 行）

84cm 锁针起针（220 针）

20

9cm
绒球缝到帽顶上

※ 3 根长 50cm 的同款编织线穿入 2 个位置，对折后编织麻花辫（参照 P49）。
麻花辫
14cm
4cm

绒球的制作方法（参照 P39）

20	2 股线在宽 9.5cm 的厚纸上缠 70 圈
21	2 股线在宽 6cm 的厚纸上缠 70 圈
24	2 股线在宽 5cm 的厚纸上缠 60 圈

21

绒球缝到花边的第 1 行处
5.5cm

翻折部分往内侧折叠，缝好（参照 P49）。

22

装饰纽扣 2 颗（参照 P46，作品 18）肩带缝好固定。
5cm

23

花样 2 块本白色（参照 P31·12）拼接

24

7cm
绒球（茶色）拼接到帽顶

插肩袖外套，舒适温暖。
戴上帽子后变身可爱的小熊。
口袋里装上小零食，外出散步吧！

25

外套
12~24 个月

钩织方法和重点教程···P56, 59

25 的帽子稍微改短一些，选用浅色编织线。

设计个性独特，还可以和宝宝商量用哪种颜色钩织。

26

外套

12~24 个月

钩织方法和重点教程…P56, 59

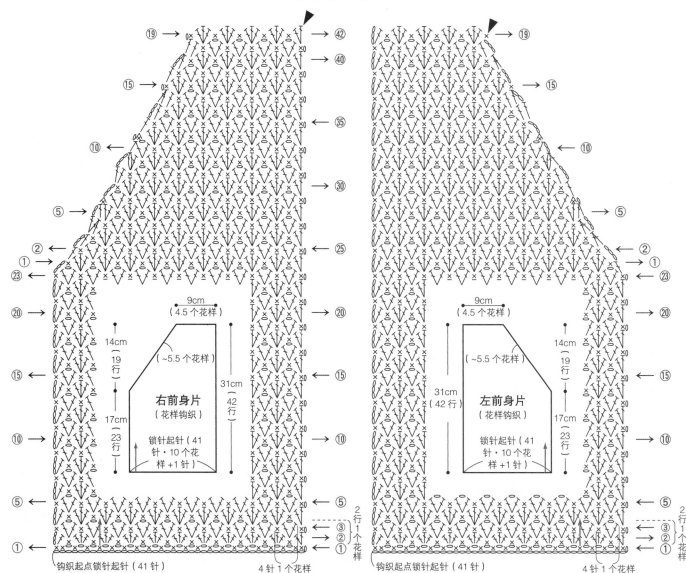

25.26 外套

图片…P54,55　重点教程…P59

● 25 的材料
· 淘气 Dennis
沙褐色…375g
· 长 3cm 的木纽扣 2 颗

● 26 的材料
· 淘气 Dennis
粉褐色…335g
· 长 3cm 的木纽扣 2 颗

● 钩针
5/0 号

● 标准织片
花样钩织边长 10cm 的正方形 21 针（5 个花样加厚）·13.5 行

● 成品尺寸
胸围 66cm　衣长 31cm　袖长 37cm

● 钩织方法

1 钩织前、后身片和袖子
用花样钩织前、后身片和袖子。

2 缝合侧边、袖子
侧边与袖子正面相对合拢，用 2 针短针和 3 针锁针的锁针接缝方法缝合。

3 缝插肩线
前、后身片与袖子对齐，用卷针订缝的方法缝合。

4 钩织帽子、衣领
从前后衣身、袖子挑针，用花样钩织 25 的帽子，26 的衣领。

5 钩织绳带、口袋
钩织 4 根绳带，穿入木纽扣中。再钩织 2 个口袋。

6 完成
用回针缝将绳带缝到左、右前身片处，然后再缝口袋。制作 25 的 2 个绒球，缝到帽子上。

1 钩织前、后身片和袖子
2 缝侧边、袖子
3 缝插肩线（参照 P59）

9cm
（4.5 个花样）

（~5.5 个花样）

14cm
（19 行）

右前身片
（花样钩织）

锁针起针（41 针·10 个花样 +1 针）

17cm
（23 行）

31cm
（42 行）

钩织起点锁针起针（41 针）

4 针 1 个花样

2 行 1 个花样

9cm
（4.5 个花样）

（~5.5 个花样）

14cm
（19 行）

31cm
（42 行）

左前身片
（花样钩织）

锁针起针（41 针·10 个花样 +1 针）

17cm
（23 行）

钩织起点锁针起针（41 针）

4 针 1 个花样

2 行 1 个花样

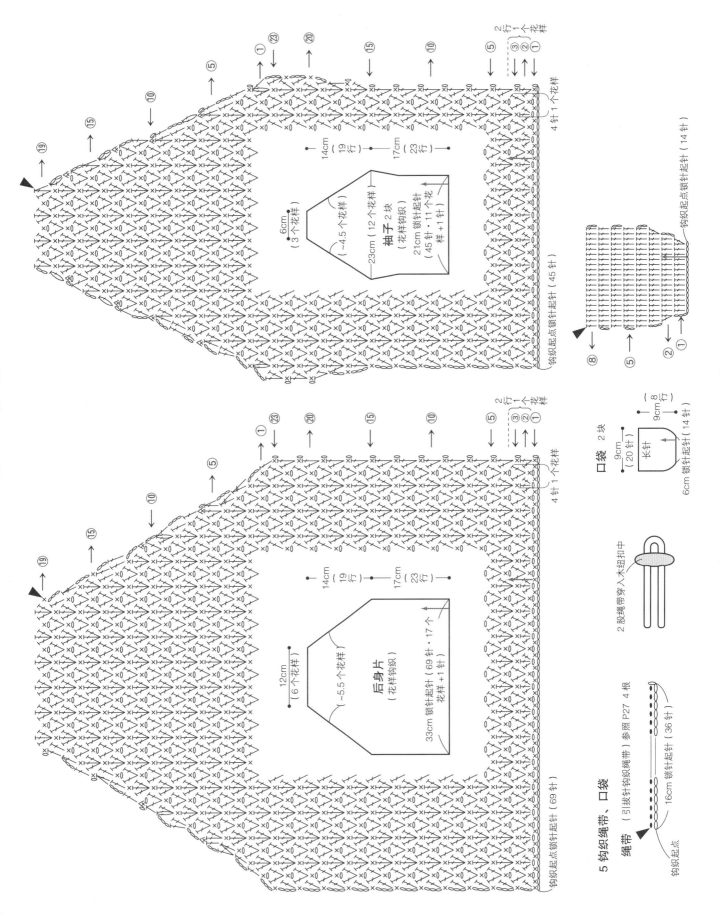

5 钩织绳带、口袋

绳带（引拔针钩织绳带）参照P27 4根

口袋 2块

2股绳带穿入大纽扣扣中

57

4 钩织帽子、衣领

○ = 拼接 25 绒球的位置

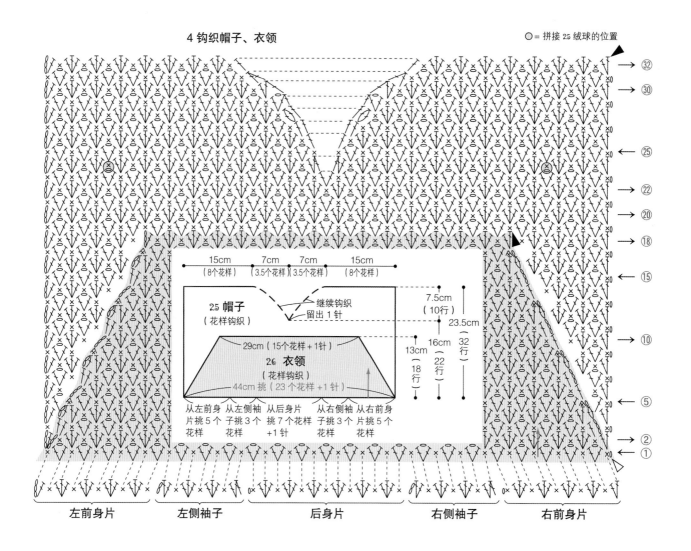

15cm（8个花样） 7cm（3.5个花样） 7cm（3.5个花样） 15cm（8个花样）

7.5cm（10行）

23.5cm

25 **帽子**（花样钩织）

继续钩织
留出 1 针

29cm（15个花样 + 1针）

13cm（18行） 16cm（22行） 32行

26 **衣领**（花样钩织）

44cm挑（23个花样 + 1针）

从左前身片挑5个花样 从左侧袖子挑3个花样 从后身片挑7个花样 +1针 从右侧袖子挑3个花样 从右前身片挑5个花样

左前身片　　左侧袖子　　　后身片　　　右侧袖子　　右前身片

32
30
25
22
20
18
15
10
5
2
1

6 完成

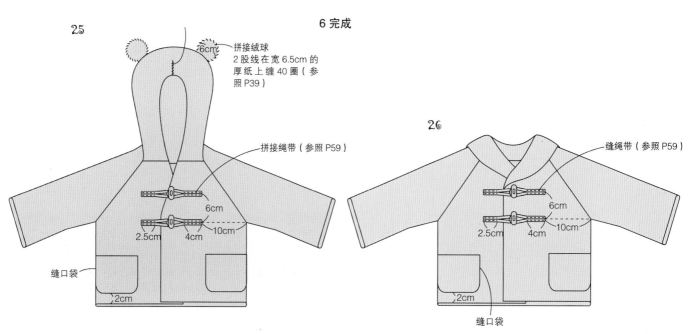

25

6cm

拼接绒球
2 股线在宽 6.5cm 的
厚纸上缠 40 圈（参
照 P39）

拼接绳带（参照 P59）

6cm

2.5cm　4cm　10cm

缝口袋

2cm

26

缝绳带（参照 P59）

6cm

2.5cm　4cm　10cm

缝口袋

2cm

重点教程

外套

图片…P54,55 钩织方法…P56

插肩线的缝合

1 侧边、袖下用2针短针3针锁针的锁针接缝方法缝合。

2 先将衣身和袖子领口侧、袖下和侧边线对齐,用绷针固定,沿中央部分自然地用绷针固定。

3 缝纫针插入领口侧,将顶端的针脚拆开,然后用卷针接缝的方法缝合插肩线。

帽子·领口针脚的挑针方法

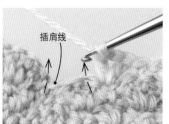

插肩线

1 从前后身片、袖子处挑针钩织。缝合插肩线的位置即是挑针位置,需稍加注意。

拼接绳带的方法

2 钩织完第1行如图。在钩织帽子的同时,在衣领织片顶端进行减针,钩织至最终行。

1 绳带穿入木纽扣中,用绷针固定到衣身处。缝纫针从衣身反面穿入,再从绳带的锁针中穿出。

2 用回针缝将绳带的锁针间隙缝合。

3 下侧的绳带也用同样的方法缝好拼接。

在钩织途中用完编织线(在织片中途换线)

在引拔钩织最后的针脚时接入新线,替换后引拔钩织。

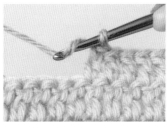

2 接入新线,继续钩织。

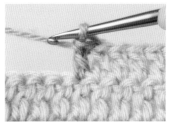

3 用新线钩织完1圈后如图。

(内侧)

4 线头穿入缝纫针中,藏入织片反面,注意不要影响到正面效果。然后紧贴织片,剪断编织线。

记号图的看法

根据日本工业规格（JIS）规定，所有的记号表示的都是编织物表面的状况。

钩针编织没有正面和反面的区别（拉针除外）。交替看正反面进行平针编织时也用相同的记号表示。

 ▼ = 断线　▽ = 接线

从中心开始钩织圆环时

在中心编织圆圈（或是锁针），像画圆一样逐行钩织。在每行的起针处都进行立起钩织。通常情况下都面对编织物的正面，从右到左看记号图进行钩织。

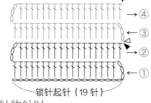
锁针起针（19针）

平针钩针时

特点是左右两边都有立锁针，当右侧出现立起的锁针时，将织片的正面置于内侧，从右到左参照记号图进行钩织。当左侧出现立锁针时，将织片的反面置于内侧，从左到右看记号图进行钩织。图中所示的是在第3行更换配色线的记号图。

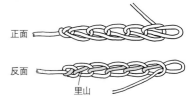
正面

反面

里山

锁针有正反之分。
反面中央的一根线称为锁针的"里山"。

[线和针的拿法]

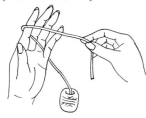

1 将线从左手的小指和无名指间穿过，绕过食指，线头拉到内侧。

2 用拇指和中指捏住线头，食指挑起，将线拉紧。

3 用拇指和食指握住针，中指轻放到针头。

[最初起针的方法]

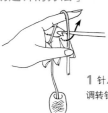

1 针从线的外侧插入，调转针头。

2 然后再在针尖挂线。

3 钩针从圆环中穿过，再在内侧引拔穿出线圈。

4 拉动线头，收紧针脚，最初的起针完成（这针并不算做第1针）。

[起针]

从中心开始钩织圆环时
（用线头制作圆环）

圆环

1 线在左手食指上绕2圈，形成圆环。

2 圆环从手指上取出，钩针插入圆环中，再引拔将线抽出。

3 接着再在针上挂线，引拔抽出，钩织1针立起的锁针。

4 钩织第1行时，将钩针插入圆环中，织入必要数目的短针。

5 暂时取出钩针，拉动最初圆环的线和线头，收紧线圈。

6 第1行末尾时，钩针插入最初短针的头针中引拔钩织。

从中心开始钩织圆环时
（用锁针做圆环）

1 织入必要数目的锁针，然后把钩针插入最初锁针的半针中引拔钩织。

2 针尖挂线后引拔抽出线，钩织立起的锁针。

3 钩织第1行时，将钩针插入圆环中心，然后将锁针成束挑起，再织入必要数目的短针。

4 第1行末尾时，钩针插入最初短针的头针中，挂线后引拔钩织。

平针钩织时

1 织入必要数目的锁针和立起的锁针，在从头数的第2针锁针中插入钩针。

2 针尖挂线后再引拔抽出线。

3 第1行钩织完成后如图（立起的1针锁针不算做1针）。

 在同一针脚中钩织

 将锁针成束挑起后钩织

即便是同样的枣形针，根据不同的记号图挑针的方法也不相同。记号图的下方封闭时表示在上一行的同一针中钩织，记号图的下方开合时表示将上一行的锁针成束挑起钩织。

[针法符号]

 锁针

1 钩织最初的针脚，针上挂线。

2 引拔抽出挂在针上的线。

3 按照步骤1、2的方法重复。

4 钩织完5针锁针。

● 引拔针

1 钩针插入上一行的针脚中。

2 针尖挂线。

3 一次性引拔抽出线。

4 完成1针引拔针。

× 短针

1 钩针插入上一行的针脚中。

2 针尖挂线，从内侧引拔穿过线圈。

3 再次在针尖挂线，一次性引拔穿过2个线圈。

4 完成1针短针。

T 中长针

1 针尖挂线后，钩针插入上一行的针脚中挑起钩织。

2 再次在针尖挂线，从内侧引拔穿过线圈。

3 针尖挂线，一次性引拔穿过3个线圈。

4 完成1针中长针。

 长针

1 针尖挂线后，钩针插入上一行的针脚中。然后再在针尖挂线，从内侧引拔穿过线圈。

2 按照箭头所示方向，引拔穿过2个线圈。

3 再次在针尖挂线，按照箭头所示方向，引拔穿过剩下的2个线圈。

4 完成1针长针。

长长针

1 线在针尖缠2圈后，钩针插入上一行的针脚中，然后再在针尖挂线，从内侧引拔穿过线圈。

2 按照箭头所示方向，引拔穿过2个线圈。

3 按步骤2的方法重复2次。

4 完成1针长长针。

 短针2针并1针

 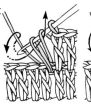

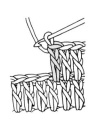

1 按照箭头所示，将钩针插入上一行的1个针脚中，引拔穿过线圈。

2 下一针也按同样的方法引拔穿过线圈。

3 针尖挂线，引拔穿过3个线圈。

4 短针2针并1针完成（比上一行少1针）。

 短针1针分2针

1 钩织1针短针。

2 钩针插入同一针脚中，从内侧引拔抽出线圈。

3 针尖挂线，引拔穿过2个线圈。

4 上一行的1个针脚中织入了2针短针，比上一行多1针。

 长针2针并1针

1 在上一行的针脚中钩织1针未完成的长针,然后按照箭头所示,将钩针插入下一针脚中,再引拔抽出线。

2 针尖挂线,引拔穿过2个线圈,钩织出第2针未完成的长针。

3 再次在针尖挂线,一次性引拔穿过3个线圈。

4 长针2针并1针完成。比上一行少1针。

 短针的条针

1 看着每行的正面钩织。钩织一圈短针后在最初的针脚中引拔钩织。

2 钩织1针立起的锁针,然后将上一行的外侧半针挑起,织入短针。

3 按照步骤2的要领重复,继续钩织短针。

4 上一行的内侧半针留出条纹状的针脚。钩织完第3行短针的条针后如图。

 长针3针的枣形针

1 在上一行的针脚中,钩织1针未完成的长针。

2 在同一针脚中插入钩针,再织入2针未完成的长针。

3 针尖挂线,一次性引拔穿过4个线圈。

4 完成长针3针的枣形针。

 长针1针分2针

 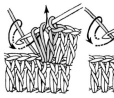 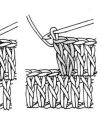

1 钩织完1针长针后,在同一针脚中再钩织1针长针。

2 针尖挂线,引拔穿过2个线圈。

3 再在针尖挂线,引拔穿过剩下的2个线圈。

4 1个针脚中织了2针长针。比上一行多了1针。

 锁针3针的引拔小链针

1 钩织3针锁针。

2 钩针插入短针头针的半针和尾针的1根线中。

3 针尖挂线,按照箭头所示一次性引拔抽出。

4 引拔小链针完成。

长针5针的爆米花针

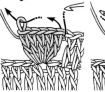 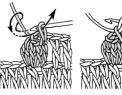

1 在上一行的同一针脚中织入5针长针,然后暂时取出钩针,再按箭头所示重新插入。

2 按照箭头所示从内侧引拔钩织针尖的针脚。

3 然后再钩织1针锁针,拉紧。

4 长针5针的爆米花针完成。

[其他基础索引]

本书用线

（实物大）

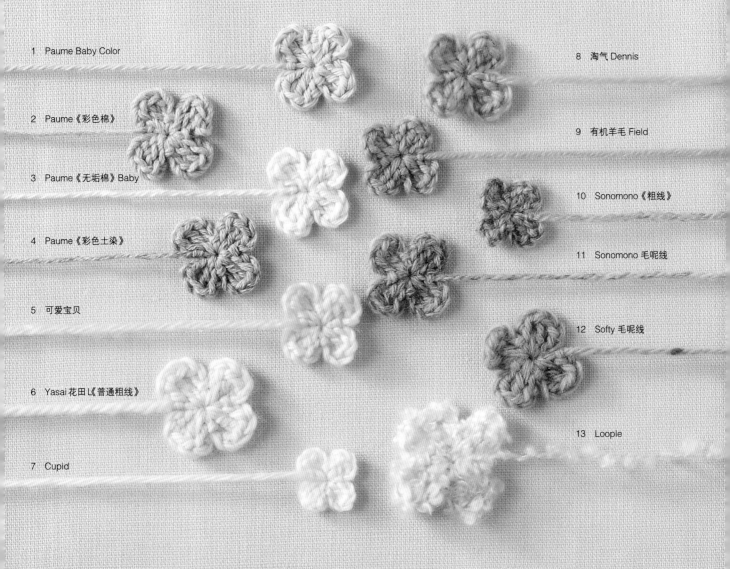

1 Paume Baby Color

2 Paume《彩色棉》

3 Paume《无垢棉》Baby

4 Paume《彩色土染》

5 可爱宝贝

6 Yasai 花田 L《普通粗线》

7 Cupid

8 淘气 Dennis

9 有机羊毛 Field

10 Sonomono《粗线》

11 Sonomono 毛呢线

12 Softy 毛呢线

13 Loople

	品质	规格	线长	颜色数	适合针
1	棉 100%（纯有机棉）	每卷 25g	约 70m	5 色	钩针 5/0 号
2	棉 100%（纯有机棉）	每卷 25g	约 70m	3 色	钩针 5/0 号
3	棉 100%（纯有机棉）	每卷 25g	约 70m	1 色	钩针 5/0 号
4	羊毛 100%（美利奴）	每卷 25g	约 70m	5 色	钩针 6/0 号
5	腈纶 60% 羊毛（美利奴）40%	每卷 40g	约 105m	14 色	钩针 5/0 号
6	羊毛 100%（美利奴）	每卷 40g	约 80m	7 色	钩针 6/0 号
7	羊毛 100%（定型加工）	每卷 40g	约 160m	10 色	钩针 3/0 号
8	腈纶 70% 羊毛 30%（使用经过防缩水加工的羊毛）	每卷 50g	约 120m	32 色	钩针 5/0 号
9	羊毛 100%（使用有机羊毛）	每卷 40g	约 120m	18 色	钩针 50 号
10	羊毛 100%	每卷 40g	约 120m	5 色	钩针 4/0 号
11	羊毛 53% 羊驼毛 40% 其他（驼毛或山羊毛）7%	每卷 40g	约 110m	5 色	钩针 5/0 号
12	羊毛 80% 羊驼毛 20%	每卷 40g	约 95m	11 色	钩针 6/0 号
13	腈纶 34% 羊毛 25% 马海毛 25% 尼龙 16%	每卷 40g	约 112m	8 色	钩针 6/0 号

●印刷品会存在少量色差。

TITLE：［はじめてのかぎ針レッスン　1週間でカンタン！女の子　男の子　かわいい
赤ちゃんニット］

BY：［michiyo］

Copyright © E&G CREATES CO.,LTD., 2010

Original Japanese language edition published by E&G CREATES CO.,LTD.

All rights reserved. No part of this book may be reproduced in any form without the written permission of the publisher.

Chinese translation rights arranged with E&G CREATES CO.,LTD.

Tokyo through Nippon Shuppan Hanbai Inc.

本书由日本美创出版授权北京书中缘图书有限公司出品并由河北科学技术出版社在中国范围内独家出版本书中文简体字版本。

著作权合同登记号：冀图登字 03-2015-004

版权所有·翻印必究

图书在版编目（CIP）数据

0 ~ 24 个月：婴幼儿的毛衣编织 / 日本美创出版编

著；何凝一译 . -- 石家庄：河北科学技术出版社，

2015.7

　　ISBN 978-7-5375-7483-9

　　Ⅰ . ① 0… Ⅱ . ①日… ②何… Ⅲ . ①童服 – 毛衣 – 编

织 – 图集 Ⅳ . ① TS941.763.1-64

中国版本图书馆 CIP 数据核字 (2015) 第 059653 号

0~24 个月：婴幼儿的毛衣编织

日本美创出版　编著　　何凝一　译

策划制作：北京书锦缘咨询有限公司（www.booklink.com.cn）

总 策 划：陈　庆

策　　划：宋书新

责任编辑：杜小莉

设计制作：柯秀翠

出版发行　河北科学技术出版社

地　　址　石家庄市友谊北大街 330 号（邮编：050061）

印　　刷　北京美图印务有限公司

经　　销　全国新华书店

成品尺寸　210mm × 260mm

印　　张　4

字　　数　42 千字

版　　次　2015 年 6 月第 1 版

　　　　　2015 年 6 月第 1 次印刷

定　　价　28.00 元